讲给孩子的
基础科学 06

U0243009

运转 世界的 力

[韩] 郑昌勋 著　[韩] 吴胜晚 绘

李孟莘 译

中信出版集团 | 北京

图书在版编目（CIP）数据

运转世界的力 /（韩）郑昌勋著；（韩）吴胜晚绘；
李孟莘译 . -- 北京：中信出版社，2023.5
（讲给孩子的基础科学）
ISBN 978-7-5217-5243-4

Ⅰ . ①运… Ⅱ . ①郑… ②吴… ③李… Ⅲ . ①力学 –
儿童读物 Ⅳ . ① O3-49

中国国家版本馆 CIP 数据核字 (2023) 第 021919 号

The Power to Move the World
Text © Jung Chang-hoon
Illustration © Oh Seung-man
All rights reserved.
This simplified Chinese edition was published by CITIC Press Corporation in 2023,
by arrangement with Woongjin Think Big Co., Ltd. through Rightol Media Limited.
（本书中文简体版版权经由锐拓传媒旗下小锐取得 Email:copyright@rightol.com）
Simplified Chinese translation copyright © 2023 by CITIC Press Corporation
ALL RIGHTS RESERVED

本书仅限中国大陆地区发行销售

运转世界的力
（讲给孩子的基础科学）

著　　者：［韩］郑昌勋
绘　　者：［韩］吴胜晚
译　　者：李孟莘
出版发行：中信出版集团股份有限公司
　　　　　（北京市朝阳区东三环北路 27 号嘉铭中心　邮编　100020）
承 印 者：北京瑞禾彩色印刷有限公司

开　　本：889mm×1194mm　1/24　　印　张：48　　字　数：1558 千字
版　　次：2023 年 5 月第 1 版　　印　次：2023 年 5 月第 1 次印刷
京权图字：01-2022-4476
审 图 号：GS 京（2022）1425 号（本书插图系原书插图）
书　　号：ISBN 978-7-5217-5243-4
定　　价：218.00 元（全 11 册）

出　　品：中信儿童书店
图书策划：火麒麟
策划编辑：范萍　王平
责任编辑：曹威
营销编辑：杨扬
美术编辑：李然
内文排版：柒拾叁号工作室

力是什么？

我们周围都有哪些力呢？

旋转的陀螺为什么总会停下？

成熟的苹果为什么总会落到地上？

掉在地上的皮球为什么还会弹起来？

今天，

引力"格莱比"将为你讲解力和运动的规律，

解开世界运转的谜题……

目录

世界运转的规律，力和运动的定律

因为有了力，
世界才能够像现在这样运转。

月亮围绕着地球转，苹果掉落在地面上，
就连闪电都是"力"的杰作。
力存在于你的周围，力无处不在。

但是，如果力
消失了呢？

球和轮子都会变得硬邦邦的

橡胶和弹簧的内部都隐藏着能够让物体恢复原状的弹力，所以即使它们的形状变了也能够马上恢复原样。如果这股力消失的话，整个世界都会变得硬邦邦的，我们将失去很多乐趣。

所有的东西都会沉入水中

在水中，有一股能够将物体推向水面的浮力。如果这股力消失的话，所有的东西都会沉入水底，甚至连鱼都要在水底游动或者爬行。

世界会变成一个巨大的滑梯

摩擦力消失之后，所有的东西都会变得滑溜溜的，陀螺会一直滴溜溜地转下去，人们踢出去的皮球也会一直不停地向前滚动，地面也会变得像冰块一样滑滑的难以行走。

一不小心就飞到太空里去了!

地球上的所有物体都是被地球的引力"吸"在地面上的，所以人们才不会飞到太空里去。如果地球不再有"吸"力的话，世界就会变得一团糟。所有的东西都会飘浮起来，就连空气和水也会飞向太空。月亮也不再绕着地球转了，它也会飞向深空。

百变科学博士，变身为引力！

你好！我叫格莱比，我这个名字的灵感来源于引力的英文 gravity。

不过，什么是引力呢？引力是自然存在的力之一。宇宙中正发生着许多事情，包括我在内的所有力，都隐藏在这些事情的背后。现在就让我带着你逐一认识认识这些力。

我们先去游乐场看看吧？你问我为什么要先去游乐场？哈哈哈，因为游乐场是充满了力的地方。我们去那里看看我的兄弟和我其他的"力"朋友吧！那么，现在就出发吧。

形成自然现象的基本力

如果你想推动一块石头，首先要对石头施加一点
力，想对石头施加力就需要用到你的手或者脚。
你可以用手举起石头，也可以用脚踢开石头。
但还有一些不需要互相接触就能产生的力。
引力、电力、磁力、核力都是这种力。
这些都是能够形成自然现象的基本力。

物体之间相互吸引的力——引力

在游乐场里有各种像单杠、跷跷板、秋千这样有趣的游乐设施，孩子们很喜欢玩这些游乐设施。我当然也喜欢玩，你都不知道我在游乐场里和孩子们一起玩得有多开心。你不知道吗？好吧，那我就用简单易懂的方式告诉你吧。那么，你愿不愿意先把自己"挂"在单杠上？

一，二，三，四……九，十……

哎哟，连十都没坚持到就掉下来了！哈哈哈，没关系，你挂在单杠上的时间并不影响我们的结果。不过，你挂在单杠上时感觉怎么样？是不是感觉有什么东西在往下拉扯着你？是这样吧？拉你的人就是我，是我格莱比在把你往下拉。

我，引力，是能够让物体之间相互吸引的力。我能够在所有物体之间产生作用，所以大家也叫我万有引力。万有引力的意思就是所有物体之间都有相互吸引的力。

苹果和地球之间，地球和太阳之间……在这个世界上没有不受引力影响的物体，就连空气中大家肉眼没法看到的细小灰尘也会受到引力的影响呢。你和地球之间自然也受到我的影响。你吸引着地球，地球也在吸引着你。但是地球可比你质量大得

我也会受到引力的影响！

多，所以你才会被"吸"在地球上，这也是你会从单杠上掉下来的原因。嘿嘿——

所有物体之间都存在相互吸引的力，这种力就是引力。引力也被称为万有引力。

从某种意义上说，就是你和地球在单杠上较劲，你从单杠上掉下来了，所以这一局是地球赢了。你在荡秋千和玩跷跷板的时候也是地球在拉着你。物体会掉落在地上也是因为地球引力的缘故。也就是说，有了引力才会发生这样的事情。那么，人类是怎么发现我的呢？

公元前 4 世纪，古希腊哲学家亚里士多德相信地球就是宇宙的中心，所有的物体都有向宇宙中心移动的性质，所以它们会掉在地上。

为什么石头会掉在地上，而火苗却向天上"跑"呢？

因为物体的性质就是要回到自己出生的地方，所以在地上出生的石头会回到地面上，而在天上出生的火就会回到天空中。

亚里士多德

那为什么石头会快速地掉在地上，羽毛是慢慢地飘下来呢？

那是因为石头比羽毛重，越重的物体向地球中心移动的速度越快。

老师最棒了！

不愧是我们的老师啊！

老师真是天才！

没错，没错！

当时，人们认为物体的掉落是因为物体本身的性质。

但是在 16 世纪，意大利科学家伽利略证明了亚里士多德的观点是错误的。
伽利略认为地球并不是宇宙的中心，物体之所以会掉落在地上是因为地心引力。

好，我开始了！

果然！并不是物体越重掉落的速度越快，这两个物体是同时落地的。

啊！

咚！ 咚！

我的想法是正确的吗？

什么，这有什么好看的？

羽毛落得更慢，并不是因为它的体重，而是因为空气的缘故。

但是羽毛不是比石头掉落得慢吗？

伽利略

亚里士多德的想法确实错了，物体能够掉落在地上并不是因为它自身的性质，而是因为地球在吸引着它。

我的真面目就是这样慢慢被发现的。

1687 年，英国科学家牛顿终于发现了引力。牛顿认为所有物体之间都有引力，引力的大小与物体的质量和物体间的距离有关。

哎哟！苹果为什么总是直接掉落在地上，而不是往空中掉呢？

这也许是因为地球在"吸引"着苹果。

咚！

骨碌！

骨碌！

牛顿

这样说来，那月亮也应该和苹果一样，会掉落在地球上才对……哎哟，幸亏刚才掉下来的不是月亮。

咣！

如果像这样转小球，转着转着小球就会飞到别处去，但是我在小球上拴了绳子，它没法"逃走"。地球和月亮之间也存在这样的关系。

转！

转！

地球就像这样始终"拉"着月亮，这样说来，所有物体之间应该都存在相互"拉扯"的力。很好，那我就把这种力叫作引力（万有引力）吧。

向内"拉扯"的力。

向外"逃跑"的力。

不过，引力在什么时候更大，在什么时候更小呢？现在就让我来揭晓答案！

是什么呢？

是这样吗？

经过长期坚持不懈地研究，牛顿终于发现了万有引力定律。他将这些研究结果发表在了《自然哲学的数学原理》一书中。

哈哈哈！就是这个！

万有引力定律

第一、

第二、

我果然是天才！

谢谢您，牛顿博士！

21

质量越大，引力越大

嘘，听我说！

牛顿发现的万有引力定律中就隐藏着我的秘密。只要你好好学习这个定律就能知道我在哪儿，什么时候会变大。现在我就把这些秘密一个一个说给你听。

我只看着你。

[万有引力定律]

第一，任何两个具有质量的物体之间都存在着引力。

第二，这两个物体间引力的大小，与这两个物体质量的乘积成正比，与它们距离的平方成反比。

第一条定律说明我是由质量而产生的力。所有的物体都有质量，它们相互吸引着，就像我刚刚所说的，我存在于世界上所有的物体之间。这里所说的质量，是物体本身所具有的固有属性，物体的质量是不会随物体的形状、位置、状态的改变而改变的。

第二条定律虽然看起来很难，但如果你明白了其中的道理，就会觉得它很简单了。我虽然会随着物体质量的增大而增大，但是随着它们之间距离的增加，我也会迅速变小。让我们用质量不同的两块石头，来比较一下它们引力的大小吧。很显然，在地面上的石头和地球之间也能找到我的身影，如果你想要拿起石头，就必须先"赢"过我。

那我们先从拳头大小的石头开始吧。怎么样，是不是很轻松就能拿起来？这块石头的质量很小，所以在这块石头和地球之间的引力也非常小。这时候你只要稍微用一点劲，就能够轻轻松松地战胜我将石头拿起来。这一轮的较量是你胜出了，不过你可别太得意！

这次你来试试将这块大石头举起来吧。嘿嘿！石头是不是一动不动的？这块石头的质量很大，因此在这块石头和地球之

一下子……

哎哟，哎哟！

间的我也变得大了很多。这时你就没法战胜我了，所以石头才会一动不动的。

质量越小的物体与地球之间的引力就越小，质量越大的物体与地球之间的引力就越大。怎么样，你亲自感受过不同质量物体间引力的不同之后，是不是更容易理解这个定律了？

物体的质量越大，引力就越大。

但是，既然我——也就是引力存在于所有物体之间，那么物体与物体之间不是应该像磁铁一样紧紧地"粘"在一起吗？如果是这样的话，当你把手靠近桌上的铅笔时，铅笔是不是会自动"吸"进你的手中？当然不会了。为什么手和铅笔之间没有相互吸引呢？难道它们之间没有引力吗？

在你们之间一定是有我——引力存在的。换句话说，你在吸引着铅笔，铅笔也在吸引着你，只不过你和铅笔的质量都很小，所以你们之间产生的引力也非常小。在这种情况下，即便是我起到了吸引的作用，你也感受不到我的存在。

不过，只要质量足够大，你就能够感受到我了。在你的周围，质量足够大的物体就是地球了，像地球这样质量非常大的

如果引力消失的话……

地球上所有的物体都被它"吸"着，这就是为什么物体会掉落在地面上。多亏了地球的引力，你和所有生活在地球"正面"或"反面"的人都能够稳稳地站在地面上，不会飞向太空。这都是地球的引力是向地心"集中"的缘故。

物体产生的引力也很大，它们会非常有力地拉扯住物体。就因为这样所有物体才能够附着在地球表面，当然这些物体也同样吸引着地球。然而，地球的质量比这些物体大了太多太多，这些物体根本没法吸走地球。所以当大家谈到引力的时候，你只要想想地球"拉扯"着物体的这股力量就可以了！

物体会掉落在地面上，月亮会围绕着地球转，这都是地球引力的缘故。而太阳的质量比地球大得多，所以是太阳"拉扯"着地球，让地球围绕着太阳转。

现在你知道为什么物体的质量越大，我就会变得越大了吧？那么大家再来思考一下我刚刚说的第二条定律中的另一个条件，当两个物体之间的距离发生变化时我又会如何变化呢？

距离越远，引力越小

现在来回想一下你刚刚挂在单杠上时，你距离地面有多远呢？从你的脚到地面的距离大概有 50 厘米吧？

质心在这里。

在确定我的大小时，通常以两个物体质心之间的距离为准。质心就是物体质量的中心。比如在你站直的时候，你的质心就大约在肚脐下方两厘米左右，肚子和后背中间的位置。

因此在你站立的时候，你和地球之间的距离，就是从你肚脐下方两厘米左右的位置到地心的距离。但是和巨大的地球相比你还是太小了，所以你和地球之间的距离就只计算为地球的半径。

等一下！我们来想象一件有趣的事情吧？如果我们把单杠的立柱做得很高很高，高得穿过云层像地球的半径那么高。这时你和地球之间的距离就比之前增加了一倍，那么这时我的大小又是多少呢？

根据万有引力定律，引力的大小与距离的平方成反比。平方就是将两个一样的数相乘，与它成反比的意思就是这个积越大，引力越小。比如当距离增加到 2 倍时，2 乘以 2 等于 4，引力就会减少为 1/4。换句话说就是，当距离增加到 2 倍时，我就会减少为 1/4。

　　如果继续增加单杠的高度，你和地球之间的距离增加到地球半径的 3 倍时，3 乘以 3 等于 9，我就会减少为 1/9。你和地球的距离增加到地球半径的 4 倍时，4 乘以 4 等于 16，我就会减少为 1/16。

　　像这样，距离变远我就会加速地变小，而且在这样高高的单杠上，你能挂更长的时间，因为这时地球的引力非常小。

　　物体之间的距离越远，引力就会越小。

距离和引力的大小

距离是 1 倍时
当你和地球之间的距离是地球半径的 1 倍时，我们把这时的引力暂定为 36。

事实上在距离地球非常遥远的宇宙空间里，是几乎感受不到地球引力的作用的。所以在宇宙空间中物体不会掉落在地球上，它们都在空中飘来飘去，这种状态被称为失重状态。

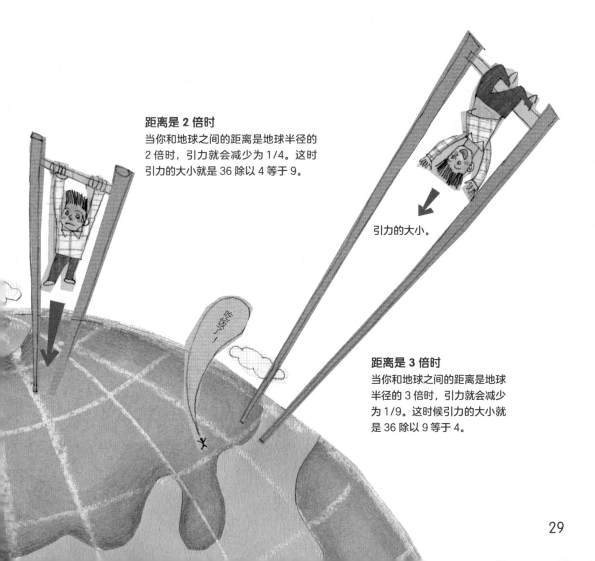

距离是 2 倍时
当你和地球之间的距离是地球半径的 2 倍时，引力就会减少为 1/4。这时引力的大小就是 36 除以 4 等于 9。

引力的大小。

距离是 3 倍时
当你和地球之间的距离是地球半径的 3 倍时，引力就会减少为 1/9。这时候引力的大小就是 36 除以 9 等于 4。

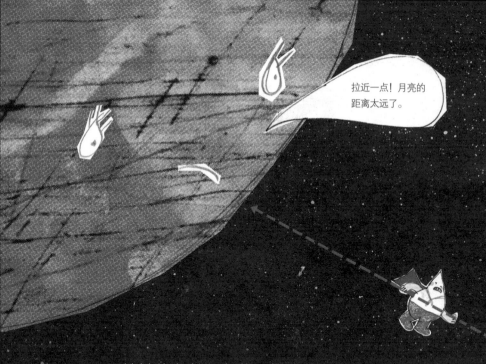

拉近一点！月亮的
距离太远了。

从某种意义上来讲，在决定我大小的这件事上，距离比质量更重要。比如，太阳的质量比地球和月亮都大得多，如果我们只考虑质量的话，月亮就会向太阳的方向移动，围绕着太阳转。

但你也知道月亮是围绕着地球转的，这是因为地球和月亮之间的距离很近，太阳和月亮之间的距离很远。这时，地球拉扯月亮的力比太阳拉扯月亮的力大，所以月亮是绕着地球转而不是绕着太阳转。

现在你明白我是什么样的力，拥有什么样的性质了吧？在认识了我之后，你就能够理解包括地球在内的宇宙中发生的许多现象。就像苹果掉落在地上、雨点落到地面上一样，所有物体坠落的现象，还有月亮绕着地球转、地球绕着太阳转，这些现象都是因为我的作用。

此外，地球、月亮、太阳能够有圆圆的外形也都是托了我的福。那些组成地球的物质相互吸引就形成了一个球形，月亮和太阳也是同样的原理。另外，那些围绕在地球表面的气体也是我的杰作。虽然除了这些事情我还有许多事要做，但是通过现在我告诉你的这些事情，你也能够感受我有多了不起多重要了吧。我说的没错吧？嘿嘿！

月亮啊，快过来！
你休想逃出我的手心！

复杂又爱捉弄人的力——静电力

在所有的力中还有其他和我一样重要的力，它们是我的兄弟们，它们有静电力和磁力这对双胞胎兄弟，还有核力这个小弟弟。现在我就依次给你介绍介绍我的这些兄弟。

我的兄弟静电力也和我一样，它始终围绕在你的身边，只是你没有感觉到而已。你不明白我的意思吗？等一下，我马上就让静电力出现在你的眼前。

你看看那边的滑梯，它是由塑料的圆筒组成的，对吧？有一个小女孩正从里面滑下来呢。很好！

嘿嘿，看看那个小女孩的头发，真是太好笑了！她的头发都竖起来了。她的头发是被风吹得飘起来的吗？不是这样的，那是我的兄弟静电力在和她开玩笑！

静电力是由带电粒子之间发生相互作用后所产生的力。所有物质中都有带正电荷或负电荷的带电粒子，我的兄弟静电力就是这些带电粒子之间发生相互作用产生的。

但是我的兄弟有一点挑剔，我的性格很好，从不问东问西的，我只负责拉扯物体。我的兄弟可与我不同，它有时候把物体吸引过来，有时候又会把物体给推开。值得庆幸的是，我兄弟做事情可不是随心所欲的，就像我工作时要遵守万有引力定律一样，静电力工作时也要遵守自己的定律。

异性带电粒子之间相互吸引。

同性带电粒子之间相互排斥。

异性带电粒子会相互吸引，同性带电粒子会相互排斥。

我刚刚说过所有物质中都有带电粒子，对吧？带电粒子不仅存在于你的身体和滑梯里，也存在于泥土、水和空气之中。就在你和我说话的这个瞬间，静电力也还在物质中哼哧哼哧地工作呢。性质不同的带电粒子之间会哼哧哼哧地相互拉扯，性质相同的带电粒子之间会哼哧哼哧地相互推搡。如果所有物质都像这样有静电力在作用的话，那人们不就应该经常感受到静电的力量吗？但是事实好像不是这样呢，这是为什么呢？

一般来说，物质中带有正电荷和负电荷的带电粒子的个数都是一样的，从整体上来看二者之间拉扯的力和推搡的力正好是均衡的，所以静电力似乎不起作用。正因为如此，你才没有感觉到静电的存在。不过这种均衡的力也有被打破的时候，特别是在物体之间相互摩擦的时候，这种力的平衡最容易被打破。

就像刚刚小女孩在玩滑梯时的情况，当她滑下来的时候，小女孩的衣服和滑梯的塑料圆筒间会产生剧烈摩擦，这时，藏在衣服中带负电荷的粒子就会有一部分流入塑料圆筒中，小女孩身上和头发上的带负电的粒子也一样，最后头发上带正电荷的粒子就会增多。

仔细想想吧，一根一根的头发上，带有正电荷的粒子增多以后，会发生什么事情呢？我不是说过，带相同电荷的粒子之间会出现相互推搡的现象吗？头发上带正电荷的粒子之间相互推搡时，小女孩的头发就都竖起来了，我兄弟的任务就完成了。

世界上的所有物质都是由叫作分子的小粒子组成的，而分子是由叫作原子的更小的粒子组成的。带电粒子是能够组成原子的更小的粒子。物质就是由原子聚集组成分子之后，再由分子聚集组成的。

氢原子

氧原子

水分子
水分子中氧端为负性，氢端为正性。

即便是这么小的分子或原子也是有质量的，它们也会受到引力的作用。不过它们的质量实在太小了，我几乎不用费什么劲儿，这种情况下也可以忽略我的存在。

那么原子或者分子又是靠谁团结在一起的呢？没错，就是静电力。我兄弟静电力比我大很多，它能够把分子和原子结结实实地连接在一起形成物质。如果没有静电力，世界上包括你在内的物质都会消失。现在你知道我的兄弟在那些看不见的地方，都做了些多么了不起的事情了吧？

患有严重强迫症的力——磁力

现在我来给你介绍介绍磁力。磁力和静电力是一对双胞胎，它们之间有很多相似的地方。所以大家把静电力和磁力合在一起称为电磁力。

静电力在带电粒子之间产生作用，磁力是在磁性粒子之间产生作用。你可以将磁性粒子理解为一个个微型的小磁铁，所以人们通常把磁性粒子称为磁铁粒子。

磁性粒子分为 N 极和 S 极两极，带有正电荷或负电荷的带电粒子相互之间能够离得很远，但是磁性粒子的 N 极和 S 极是绝对不可能分开的。它们总是合为一个"身体"四处移动，每一个小小的磁性粒子上都存在 N 极和 S 极。我兄弟的工作就是让这些磁性粒子之间相互吸引或者相互推操。

不同极性的磁力之间会相互吸引，相同极性的磁力之间会相互排斥。

如果你想亲眼见见我兄弟磁力，就注意观察磁铁吧。磁

相同极性之间相互排斥。

不同极性之间相互吸引。

铁里面充满了磁性粒子，我的兄弟磁力也藏在其中。磁铁之所以能够吸引铁质的物体，就是因为磁力在"拉扯"着它们。

试着拿一块磁铁靠近单杠看看，怎么样？是不是啪嗒一下就"粘"在单杠上了？这次我们用钉子靠近单杠试试，钉子就不会"粘"在单杠上，是不是？钉子是用铁制作的，铁做的物体内都像磁铁一样充满了磁性粒子。既然这样那为什么钉子不是磁铁呢？

那是因为，磁铁和钉子中所含有的磁性粒子的排列方式不一样。我的弟弟有很严重的强迫症，只有粒子整整齐齐地按照一个方向排列时，它才能够发挥作用。

就像梳得整整齐齐的发型看起来比乱蓬蓬的更整洁一样，乱蓬蓬的发型就相当于乱七八糟随意排列的磁性粒子，梳得整整齐齐的发型就相当于按照一个方向整齐排列的磁性粒子。磁力只有在这些排列得整整齐齐的磁性粒子中才会发挥作用。

我来给你讲讲磁铁和钉子中的磁性粒子都是如何排列的吧。那些磁铁中的磁性粒子都是整齐排列的，不同的磁极之间会相互吸引，所以磁性粒子都是按照 N 极和 S 极、N 极和 S 极、N 极和 S 极……这样的顺序，一串一串地排列起来的。正因为如此，磁铁从整体上看也是一侧为 N 极一侧为 S 极。相比之下，钉子里的磁性粒子都是各自乱七八糟地散落着，磁力不会在这里产生作用，这就是钉子不能成为磁铁的原因。

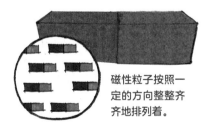

磁性粒子按照一定的方向整整齐齐地排列着。

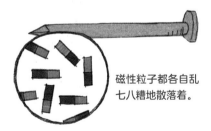

磁性粒子都各自乱七八糟地散落着。

既然钉子不是磁铁，它为什么会"粘"在磁铁上呢？简单地说，由于磁力的缘故钉子能够暂时地变成磁铁。

　　我们先用磁铁的 N 极靠近钉子试试，这时因为磁力的缘故，钉子中磁性粒子的 N 极就会被推开，S 极会全部被吸引过来。钉子中的磁性粒子就会以 S 极和 N 极、S 极和 N 极、S 极和 N 极……的方式一串一串地排列起来。

　　换句话说，此时钉子的一端就变成了磁铁的 S 极，另一端就变成了磁铁的 N 极。所以磁力在钉子的 S 极与磁铁的 N 极之间产生了作用，钉子就这样"粘"在了磁铁上。

　　钉子只有在靠近磁铁的情况下才能短暂地成为磁铁，当你把磁铁拿走后钉子中的磁性粒子又会变乱，钉子会因此失去磁铁的性质，变回一颗普通的钉子。

这就是为什么铁做的物体都能够"粘"在磁铁上。

你问我能不能直接把钉子做成磁铁？如果把钉子里的磁性粒子都整齐排列起来的话，钉子不就能够变成磁铁了吗？哇，你可真聪明！好吧，那我们就一起来做一个"钉子磁铁"吧。

 制作钉子磁铁

准备物品：

1个长条形的磁铁，1根钉子，几个回形针。

实验步骤：

1. 用手按压住钉子的一头防止钉子移动。

2. 用磁铁反复摩擦钉子，一定要顺着同一个方向摩擦。

3. 将钉子靠近回形针。

摩擦的方向

实验结果：

　　当你充分地用磁铁摩擦钉子之后，钉子就能够"粘"起一串回形针。

为什么会产生这样的结果呢？

　　当我们用磁铁摩擦钉子的时候，磁性粒子就会在磁力的作用下整齐地排列起来，这时钉子就会"得到"磁铁的性质，变成一个钉子磁铁。这就是为什么经过摩擦后的钉子能够"粘"住回形针。当我们用磁铁朝着一个方向不停摩擦钉子时，钉子

用磁铁的N（S）极反复摩擦钉子，钉子的末端就会变成S（N）极。

内的磁性粒子就会朝着一个方向整齐地排列起来，就像你们用梳子梳理头发一样。

而且，比起用磁铁靠近钉子，当我们用磁铁反复摩擦钉子时，钉子内部的磁性粒子会排列得更加整齐，直接由钉子变成了磁铁。当然，钉子磁铁的吸力要比磁铁小很多。那是因为钉子中经过"梳理"的磁性粒子仍旧没有磁铁中的磁性粒子整齐。

那么如果我们还想把钉子磁铁重新变回普通的钉子的话，应该怎么做呢？只要把现在的钉子磁铁中的磁性粒子弄乱就可以了。用锤子敲打敲打钉子，当钉子受到冲击之后，钉子内部整齐排列的磁性粒子就会变乱，这样它就能从钉子磁铁重新变回一根普通的钉子了。

磁铁也是这样，如果你充分地用锤子敲打磁铁的话，磁铁也会失去磁性。当我们把磁铁高温加热后也会使它消除磁性，在高温状态下磁性粒子的排列顺序会被搅乱，嘿嘿！

所有要用到磁铁的地方都是靠我的兄弟磁力产生作用。在冰箱上贴住便签纸的冰箱贴里、孩子们玩的玩具中，就连指南针里也有它的身影。不仅如此，就连电风扇和搅拌机这种旋转

的电器中也含有磁铁。这样看来，磁力并不逊色于静电力，它也认认真真地在你的身边努力工作着。

我这对双胞胎兄弟的故事有点长，是吧？物理学家发现世界上所发生的一切事情，都与引力、静电力、磁力或核力有关。对了，我还没有和你讲我的小弟弟核力的故事吧？简而言之，核力就是原子核产生的力量。虽然有点可惜，但是关于我核力兄弟的知识相对有点难以理解，所以这里不详细说明，你只要先记住它的名字就可以了。

我们兄弟几个都是存在于自然中的基本力，或者说是制造出自然现象的基本力。

就像我，引力，存在于地球和月球之间，我们基本力

都是能够不触碰物体就产生作用的力。都是因为我们，你才能够在地面上行走，月球才能够绕着地球转，物质也才能够像现在这样存在于世界上。

但是，除了我和我的兄弟们，还存在着其他的力，它们也是你的身体经常会接触到的力。其实这些朋友是由我们兄弟变化而产生的，它们可以算是通过基本力产生的新的变化吧。嘿嘿！

来吧，让我们出发去见见这些朋友！

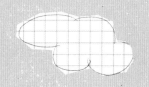

存在于我们身边的力

环顾一下你的四周，是不是能够看见很多物体？大部分的物体始终都待在自己原本的位置上，但在它们的内部也隐藏着各种各样的力。这些力在物体的内部挤来挤去，相互"比试"着。来吧，我们一起来看看都隐藏着哪些力，找找它们都藏在哪里吧？

"心眼很坏"却值得感激的力——摩擦力

　　摩擦力是大家日常生活中常见的力。平时这个家伙总是睡觉，但是当人们开始活动，他就会猛地醒过来，在大家的活动中施加反作用力，是不是"心眼很坏"呢？但是从另一方面来看，摩擦力也是值得你感激的朋友。

总而言之，摩擦力就是阻碍物体运动的力，它们总是朝物体运动的相反方向用力。当你推桌子、沙发等物体的时候感觉推不动，或者在打开推拉窗的时候受到一些阻碍，这都是因为这位朋友产生了作用。它能够让滚动的皮球停下来，也可以让旋转的陀螺停止转动。

摩擦力是阻碍物体运动的力，它总是作用于与物体运动相反的方向。

如果将那些看起来很光滑的物体放大，你就会看见这些物体的表面上其实是凹凸不平的。因此当两个物体接触的时候，这些凹凸不平的表面就会相互摩擦，从而产生阻碍对方移动的摩擦力。

你还记得刚刚搬动石头时和我比试过力气吗？现在再来和摩擦力比试比试如何？

现在像第 54 页的图（甲）中所演示的那样，将沙发摆放在地板上。你来说说看，这个时候是什么力在起作用呢？你难道已经忘记我了吗？我存在于所有物体之间，所以在沙发上有一股向下的力，也就是引力。

重量和质量有什么不同？

很多人都认为重量和质量是同样的意思，其实它们是不同的。重量是作用在物体上的引力的大小，人们通常会用克或者千克来作为计算重量的单位，但这其实是质量的单位。重量的单位是牛。举例来说，当你说自己的体重是 36 千克的时候，如果用更加准确的语言来表述的话，应该是 36 千克的你所受的重力约 360 牛。（1 千克物体的重力约为 10 牛）。

相反，质量是物体的一种固有属性，你身体的质量在任何地方都是一样的。无论是在地球上还是在月球上，或在木星上都不会发生变化。但是你的重量会根据你所在的环境不同而发生改变。因为你在地球、月亮和木星上所受到的引力都是不同的。

想象一下你的身体在月球上的质量和重量。即使是在月球上，你的质量也不会发生改变，但是，作用在月球与你身体之间的引力，比作用在地球与你身体之间的引力更小。月球上的引力是地球上的六分之一，那么你在月球上的体重是地球上的六分之一。

约 360 牛

约 60 牛

约 860 牛

地球

月球

木星

其实，人们所说的重量都是指作用在物体上的重力的大小。也就是说，作用于沙发上的重力的大小就是沙发的重量。

但是除了重力还有其他力作用于沙发上，比如有作用于沙发向上的力，叫支持力。这个名字听起来有点陌生对吧？支持力就是指从地面向上垂直支撑物体的力。如果没有支持力沙发就会陷入地板下面，因为重力（重量）和支持力的大小是相同的，所以沙发才不会发生上下移动的情况。

但是你没有对沙发施加任何力，也没有阻碍你运动的力，摩擦力就不会在这时起作用，这时沙发并不会前后移动。

（甲）如果不对沙发施加力，摩擦力就不会产生作用。

支持力

推动物体的力 =0
摩擦力 =0
静止

重力（重量）

现在试着像图（乙）中这样轻轻地推一下沙发，你觉得沙发会向右移动吗？叮，答错了。摩擦力正在呼呼睡大觉呢，但是当你在物体上施加力的瞬间，就会把它给吵醒，被吵醒之后它就会和你闹脾气，摩擦力就会在相反的方向对物体施加相同大小的力，所以沙发还是一动不动的。

然后再试着像图（丙）中这样用更大的力推动沙发，这时候沙发还是一动不动的，因为你用的力越大产生的摩擦力也越大。在这种相对静止的状态下产生的摩擦力叫作静摩擦力。

（乙）当你推动沙发的时候，摩擦力就开始增大，它的大小和你推动的力一样大。

（丙）推动沙发的力越大，摩擦力也就越大。

嘿嘿，摩擦力真的很"坏"，对吧？如果推动物体的力增加，摩擦力也持续增加的话，那大家不就没法赢过摩擦力了吗？不是这样的，我来给你加油，只要再加把劲儿就好，这位朋友的力量也是有限的。

当静摩擦力的数值达到最大时就叫作最大静摩擦力。下面请你像图（丁）中这样，用比最大静摩擦力更大的力推动沙发，沙发终于移动了。来，快看！沙发开始朝你用力的方向移动了！

（丁）当推动物体的力大于最大静摩擦力时，沙发就开始移动了。

推动物体的力 > 最大静摩擦力
运动

我输了！

吱

当物体像这样运动起来后，动摩擦力就会开始起作用。动摩擦力就是物体在运动过程中，在反方向作用的摩擦力，它比最大静摩擦力要小一些。事实上在你推动沙发的时候，只有一开始的时候非常累，当沙发开始移动后应该就没那么累了，对吧？

现在你推动了摆放在地面上的沙发，那么如果你推动的是一个放在碎石上的沙发呢？如果在你推动的沙发上还坐着一个人又会怎么样呢？那样的话你一定需要更大的力才能将沙发推动，也就是说摩擦力会在这些情况下增大。这样一来我们就能知道，摩擦力的大小取决于物体的重量，以及它与接触面的状态，由此可知，摩擦力大小的公式就像下面这样。

动摩擦力的大小 = 摩擦系数 × 支持力

这里的摩擦系数指的就是物体接触面的粗糙程度，接触面越粗糙摩擦系数就越大。也就是说，地板越粗糙、凹凸不平，摩擦系数就越大，摩擦力也就越大。

支持力就像我刚刚解释过的，是从地面垂直支撑物体的力，它与物体重量的大小相同。所以物体的重量增加时，地面对它的支持力就增加，由于支持力增加了，摩擦力也会随之增加。

　　相互接触的面越粗糙，物体越重，摩擦力也就越大。

　　如果没有摩擦力会怎么样呢？这并不一定是件好事。如果没有摩擦力，你的周围就会发生很多荒唐的事情。

地板越粗糙摩擦力就越大，箱子推起来就越困难。

箱子越重摩擦力就越大，箱子推起来就越困难。

多亏了你的脚和地面之间的摩擦力，你才能够走路。每当你的脚踩在地面上时，产生的摩擦力就会对你形成阻碍，这个摩擦力能够帮助你"蹬"着地面向前走动。如果没有摩擦力，即便是走在地面上也会像行走在冰面上一样，滑得难以行走。这时书也没法安安稳稳地摆在书桌上了，桌子上的书都会滑到地面上。就连你骑自行车也多亏了摩擦力的作用，如果轮子和地面之间没有摩擦力，不论你多用力蹬，轮子始终都会在地面上打滑。

这就是如果消失就会很不方便的"讨厌的"朋友——摩擦力！这就是为什么我说摩擦力"心眼很坏"，但是我们仍旧要感激这位朋友。要不要借此机会来看看你周围的摩擦力都是如何工作的？

增大摩擦力的用途

登山鞋鞋底
登山鞋的鞋底都是凹凸不平的，这样产生的摩擦力更大，可以避免你在岩石或者很滑的斜坡上滑倒。

橡胶手套的"手心"
橡胶手套的"手心"都是凹凸不平的，它会加大手套和碗之间的摩擦力，这样你在洗碗时碗就不容易滑走，你拿起碗的时候也会感觉更轻松。

旋转打开的瓶盖
有些瓶盖的表面也是凹凸不平的，它会加大你的手和瓶盖之间的摩擦力，这种瓶盖在转动的时候不容易滑，拧起来也更加轻松。

汽车的防滑链
当我们为汽车轮胎装上防滑链后，地面和车轮之间的摩擦力就会增加，这样的轮子即便是在雪地上也不容易打滑。

推拉窗

在家里的推拉窗上涂上蜡或者装上小滚轮，窗户与窗框间的摩擦力就会减小，推拉窗就能更轻松地打开或关闭。

游泳池的滑梯

当水在滑梯上流动时，滑梯的表面和人身体之间的摩擦力就会变小，滑起来就会更顺畅。

自行车的链轴

如果在自行车的链轴上涂抹上润滑油，摩擦力就会变小，车轮在转动的时候就会更加顺滑。

自尊心很强的力——弹力

现在我要为你介绍的弹力是一种自尊心非常强的力，当你对它施加压力的时候，它就会用尽全力反抗你。

如果你使劲拉扯弹簧或者橡皮筋后忽然放手会怎么样呢？它们的长度会忽然被拉长，然后又变回原来的长度。如果你按压皮球然后再放手，皮球的形状一开始也会变化，但很快就会恢复原来的模样。

　　物体像这样在受力之后形状发生改变，在力量消失之后又恢复原状的性质就叫弹性。拥有弹性的物体重新恢复原状产生的力就叫弹力。所有的物体都拥有或大或小的弹性，这其中弹簧和橡皮筋的弹性很大。

　　你也知道弹簧和橡皮筋越拉就越长，这是因为它们的长度变化和所受到的力成比例。如果作用力增加到 2 倍，它们的长度变化也会增加到 2 倍，当作用力扩大到 3 倍的时候，它们的长度变化也会增加到 3 倍。随着作用力增大，长度变化也跟着增大，恢复到原貌产生的弹力也会随之增加。

　　物体受到的力越大，物体在形状和长度上的变化也就越大，它们的弹力也就越大。

　　我们可以利用这种性质来测量物体的重量。让我们来通过一个简单的实验了解一下这个方法，怎么样？

 **制作橡皮筋秤**

准备物品：

　　1元硬币几个，橡皮筋2根，图钉1颗，纸杯1个，还有白纸、尺子、线、胶水。

实验步骤：

　　1.用线将两根橡皮筋捆在一起。

　　2.像图中展示的这样，在纸杯的两侧打两个孔，用线把纸杯和橡皮筋连接在一起。

　　3.用图钉将橡皮筋的另一端固定在桌子上。

　　4.在白纸上画上以1厘米为间隔的刻度，将它贴在桌子的腿上。注意调整纸张的高度，让纸杯的杯口保持在0刻度的位置。

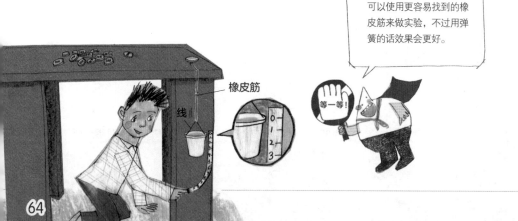

线　橡皮筋

等一等！

可以使用更容易找到的橡皮筋来做实验，不过用弹簧的话效果会更好。

5. 将 1 元的硬币一枚一枚地放入纸杯中，记录每一次橡皮筋增加的刻度。

实验结果：

　　我把实验结果记录在下面的表格中了，这个结果也许和你的结果不太一样。这是因为实验中所使用的橡皮筋不同时，所做出的实验结果也会有所不同。但无论橡皮筋如何变化，纸杯中的硬币数量越多，橡皮筋的长度就会越长的这个结果是不会改变的。

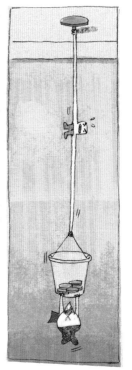

硬币的个数	5 个	10 个	15 个
橡皮筋增加的的长度	1 厘米	2 厘米	3 厘米

为什么会产生这样的结果呢？

　　我刚刚说过，橡皮筋的长度变化和所受到的作用力成比例。硬币在这个实验中施加了作用力，这里说到的硬币的重量就是地球吸引硬币时所产生的力，也就是重力。所以当硬币的数量越多时重力就越强，这时橡皮筋的长度也被拉得越长。像实验中这样物体越重，橡皮筋的长度也就越长，我们就可以利用这个性质来测量物体的重量。

从某种角度而言，弹力也有与摩擦力相似的一面。当你对弹簧或者橡皮筋施加力的时候，就会产生同样大小的弹力，令它们恢复原状。摩擦力也是一样，当你对物体施加力的时候，它也会产生相同大小的摩擦力。但是弹性物体有它所能承受的极限，也就是说当我们施加的力超过了弹性限度时，物体就无法再还原回去。

有的圆珠笔里面有一个小小的弹簧，你可以找找看。如果你找到了弹簧的话可以拉扯看看，如果弹簧一直被拉长，超过了弹簧的弹性限度的话，弹簧就没法再恢复到它原有的状态了。

如果我们在木头或铁板这样较为坚硬的物体上，施加的力超过了它们的弹性限度的话，它们就会被折断。试试用手握住木筷子的两端用力弯曲，这时木筷子会产生轻微的弯曲，如果再继续用力弯曲木筷子的话，它就会逐渐无法支撑，直到被折断。所以当你们要使用到弹力的时候，一定要注意控制在它能够承受的范围之内。总之弹力的自尊就是这么强！

弹力的运用情况

弓弦和木头弓臂的弹性都非常好，当你拉动弓弦和箭后，弹回去的弓弦能够将箭射到很远的地方。

网球拍是用弹性很好的绳子制成的，因此能够将球猛地反弹出去，飞到很远的地方。

轮胎由橡胶制成，轮胎中充满了空气，橡胶和空气都有很好的弹性，即使是在凹凸不平的道路上，橡胶轮胎也能很好地吸收所受到的冲击。

碰碰车的车身被弹性非常好的橡胶管包围着，如果两辆碰碰车之间发生碰撞的话，车子就会在弹力的作用下被弹出去。

高傲的力——浮力

　　哎呀，有人不小心把球掉进水池里了，但是球并没有沉入水中而是漂浮在水面上！如果只有我——引力，向下拉扯着球的话，它就应该沉入水中的。

　　球像这样浮在水面上就说明有一股和我相反的力在支撑着它。你问这个力是不是我们之前说过的支持力？不，这个朋友是浮力，浮力是水支撑着物体的力量。

　　就像刚刚你举起石头和我比试力量一样，现在是水中的浮力在和我比试力气。我把物体拉进水中，浮力又将物体推回到水面。

是重力获胜！

是浮力获胜！

人们总会认为轻的东西才会浮在水面上，而重的物体就会沉入水中。但是让我们来思考一下大轮船和鹅卵石的情况吧。船比鹅卵石重得多，但它却能够浮在水面上，鹅卵石则会沉入水底。所以物体是否能够浮在水面上，取决于重力和浮力在比试的时候谁是最后的赢家。如果是重力赢了，那么物体就会沉入水底，如果是浮力赢了，那么物体就会漂浮在水面上。

　　重力比浮力小的物体就能够浮在水面上，重力比浮力大的物体就会沉入水中。

　　那么我们要怎样才能知道浮力的大小呢？浮力的大小是由古希腊科学家阿基米德发现的，在 2200 多年前阿基米德发现了浮力的原理，称为阿基米德原理。

我的球！

阿基米德发现了浮力的原理

叙拉古的国王希伦二世的宫殿

国王陛下，传闻说为您制作王冠的工匠，最近花钱忽然变得大手大脚了起来。

什么？莫非他挪用了我制作王冠的钱？

阿基米德先生，劳烦您检查一下这顶王冠上有没有银或铜这样的杂质？

啊……好的，我明白了。

在同等质量的情况下，银和铜的体积比黄金要大一些。所以如果是把银和铜混在黄金里制成王冠的话，它的体积就会比用同样质量的黄金制成的纯金王冠大！

如果是金块的话还可以测量它的体积，但是这种不规则形状的王冠该如何测量它的体积呢？又不能将王冠熔化重新变回金块。

这可怎么办？哎哟，我也不知道了。头好疼啊，我得去洗个澡。

咦？水怎么都溢出来了！那么如果我把王冠放入水中的话，应该也会溢出和王冠相同体积的水。呀！

70

我终于明白了。

哦？快说来听听。

这个金块的质量和王冠的质量是一样大的，如果王冠是用纯金制成的，那么王冠和金块的体积就应该是一样大的吧？

当然了，但是要怎么测量王冠的体积呢？

把王冠放入装满水的碗中，这时碗中就会溢出与王冠体积相同的水来。

把金块放入碗中，也能得到与金块同等体积的水，这时我们就可以比较溢出的水量的大小了。

那么，请看！王冠所溢出的水比金块溢出的水更多吧？这就是王冠里面掺了其他物质的证据。

果然是这样！好极了。

来人啊，快去给我把制作王冠的工匠抓起来！

哇，真是太神了！

71

阿基米德在帮助希伦二世调查王冠是否为纯金打造的过程中，发现了浮力的原理，这就是阿基米德原理。

物体之所以能够在水中浮起来，是因为它受到了与自己排开的水的重量相当的浮力。

当某个物体浸入水中时，物体排开的水的体积和它浸入水中部分的体积一样大，而且物体排开的水的重量和它受到的浮力一样大。所以，物体排开的水越多，它受到的浮力就越大，这就是浮力的原理。结论就是物体浸入水中部分的体积越大，它受到的浮力也就越大。

货物装得越多，船沉入水中的部分也就越多，船所受到的浮力也就越大。

不过，我的朋友浮力是非常高傲的！如果水面上的物体不是什么大块头的话，它连理都不会理睬它。这是因为我的朋友浮力非常重视物体的体积，在重量相同的情况下，它会更加努力地支撑体积更大的那一个。如果浮力遇到的东西体积很小的话，它就会装作没看到，任由那个物体沉入水中。也就是说，体积大的物体受到的浮力比体积小的大。如果你想要获得我这个朋友的支撑，就要尽可能地加大浸入水中的体积。给你举个例子吧！

这里有两块重量相同的橡皮泥。首先我们将其中一块做成一个实心的小球，将另一块摊成薄薄的一片，做成一个宽宽大大的橡皮泥碗，碗要越薄越好。现在我们把橡皮泥球放进水里，

如果船上放置的货物过多的话，船的重量就会大于支撑的浮力，这时船就会沉入水中。

当心！

不要随便把它丢进水里，而是像放置一艘纸做的小船一样轻轻地将它放进去。嘿嘿，橡皮泥球会直接沉入水中，对吧？这是因为橡皮泥球的重量比浮力更大，所以它才会沉下去。

这一次我们来把橡皮泥碗放入水中吧。橡皮泥碗会浮在水面上。虽然橡皮泥球和橡皮泥碗的重量是相同的，但是橡皮泥碗浸入水中的部分体积更大，所以它能够浮在水面上。

换句话说，当我们把橡皮泥碗放入水中，随着碗慢慢往下沉，它受到的浮力也会慢慢地增加，然后在某一个瞬间，橡皮泥碗不再下沉，而是浮在水面上。这时橡皮泥碗的重量和浮力一样大，所以它不会沉入水中，而是浮在水面上。

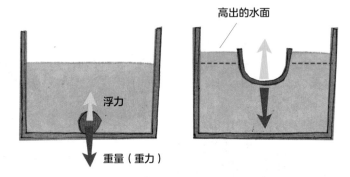

橡皮泥球之所以会直接沉入水中，是因为它的重量比浮力更大。但是橡皮泥碗却能够浮在水面上，这是因为碗浸在水中部分的体积更大，它排开的水的量也更大，浮力也就会跟着变大。橡皮泥碗漂浮在水中的时候，它的重量和浮力的大小是相同的。

所以如果你想要增加浮力，就要增加浸入水中部分的体积。

那好吧，现在别再说我的朋友了。从让世界运行的基本力到摩擦力、弹力、浮力，可以说我已经把常见的力都向你介绍过了。

摩擦力能够让滚动的球停下来，弹力能够让变长的橡皮筋恢复原样，浮力会通过和我比较大小来让船浮在水面上。像这样，有某种力作用于物体时，这个物体就能够运动起来。但是力量和运动之间还隐藏着某些规律，想知道是什么样的规律吗？来，让我们加把劲，重新出发吧！

世界运转的规律，力和运动的定律

力无处不在，即使是那些在原地不动的物体也会受到力的作用，它们是因为各种力达到平衡才待着不动的。如果这种平衡被打破的话，物体就会开始运动。另外，力和运动之间还隐藏着一定的规律。现在就让我们来了解一下那些规律吧！

踢球的力

孩子们在操场上欢快地踢着足球！他们奔跑、踢球、射门……哇！真是让我看得津津有味呢。多亏了我们力，孩子们才可以这样愉快地踢球，这都是靠各种力所做的工作。究竟有哪些力在什么地方做了工作呢？我们就来找找足球比赛中的力吧！

怎么样，你发现了吗？你不会把我给忘记了吧？引力可是作用于所有的物体，我把地球上的所有物体都拉向地心。因为有我，孩子们、球门和足球才不会飞到地球外面去。

除了我，这里还有摩擦力。守门员可以稳稳地接住球，不用担心球会从手中滑走，孩子们可以敏捷地在地面上跑动，不用担心会被滑倒，是因为摩擦力在守门员的手套和球之间、地面和孩子们球鞋的鞋底之间起了很大的作用。滚动的球也是因为摩擦力才能够停下来。

在踢到球的瞬间球会变形，然后马上就恢复到原来的样子，这就是弹力在起作用。除此之外，还有构成物质的静电力和核力。当然我们也不能忽视孩子们所施加的力，就是因为孩子们施加了力，摩擦力

来找找力吧！

和弹力才会给出相对的力，孩子们才能够将球移动。

如果孩子们用力踢足球的话，足球会发生什么变化呢？变形，恢复，动起来，停下。在这个过程中，球的方向和速度也发生了变化。

总而言之，只要对物体施加力，物体的形状和运动状态就会发生改变。

你可以拿足球亲自确认一下，也顺便让头脑冷静冷静。你先用脚使劲地压一下球，球的形状是不是发生了改变？当我们

在物体上施加力的时候，物体的形状就会发生改变。

如果我们用的力很大的话，物体变形的情况就会更明显，如果用力较小的话，变形的情况就不太明显。

这一次我们来用力地踢一下静止的球吧！球快速飞出去了。当我们给物体施加力的时候，就会让静止的物体动起来。物体的移动如果换一种表述方式，就是运动。

如果我们再给球施加一个力的话，当前的运动就会停止，运动的方向也会发生改变。用你的脚挡住滚过来的球，它就会停下来。如果你在球的正面或者侧面踢一脚的话，球就会向前或者向侧面滚动，球的运动方向也会发生变化。

力能够改变物体的形状或者运动状态，施加的力越大，物体的形状和运动状态发生的变化就越大。这里所说的运动状态的变化是指物体的速度和运动方向的改变。

区分力的三个要素

　　来，现在用力将足球踢进球门里！我来给你加油。哎哟！踢得太高了，足球都飞到门梁上去了。

　　你在踢球的时候踢的方向不同，足球飞出去的方向也会不同。从球身的下方往上踢的话，足球就会向上飞。从球身的右侧向左踢的话，足球就会飞向左边。你想要让球朝着哪个方向移动，就要用力朝那个方向踢球，力的方向和力的大小同样重要。

　　我来告诉你一个能够进球的秘诀吧，那就是踢"香蕉球"。"香蕉球"是指球在踢出去之后，行进的路线是像香蕉一样弯曲的踢球技术。如果你直接踢向球的中间，球就会直着飞出去。但是如果你在稍微偏离球中心的位置用力的话，球飞出去后它的前进路

加油！

汪！汪！

踢在偏左的位置时，足球以顺时针的方向旋转，向右侧弯曲飞出。

踢在中间的位置，足球直线飞出。

踢在偏右的位置时，足球就会以逆时针的方向旋转，向左侧弯曲飞出。

好好看看吧！这就是踢"香蕉球"的技巧。

线就会逐渐形成弧线。

　　首先用力地踢向足球的左侧，但不是从左往右踢，而是踢在球身的中间稍微偏左的位置，这时足球就会以顺时针的方向旋转着向前飞出。球离开你的脚时是直着向前飞行的，但是球在旋转的时候会遇到空气，这个时候它就会逐渐地向右侧"偏移"。你看，守门员好像被吓住了，迟迟不敢做出反应。

　　相反，当你踢向足球偏右侧的位置时，足球就会以逆时针的方向旋转，那么球在飞出去后会逐渐向左侧偏移。当你踢在足球偏上的位置时，足球在飞出去的同时会向前旋转，然后逐渐向下方偏移。而踢在足球偏下的位置时，足球在飞出去的同时会向后旋转，逐渐向上方偏移并继续前进。这些就是踢出"香蕉球"的技术。

　　在踢球的时候，力会从脚的前端传到球的表面。这时球的表面与脚的前端接触的部分就叫作作用点。所谓作用点就是在将力传递给物体的过程中，力产生作用的地方。即使力的大小和方向都相同，当它们的作用点不同的时候，物体的运动方式也会有所不同。

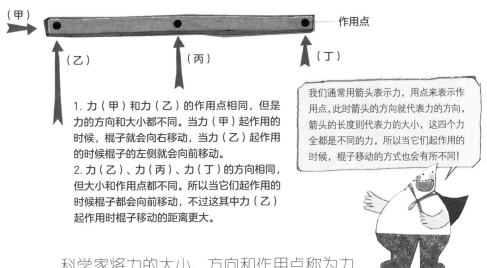

（甲）

作用点

（乙）　　　　（丙）　　　　（丁）

1. 力（甲）和力（乙）的作用点相同，但是力的方向和大小都不同。当力（甲）起作用的时候，棍子就会向右移动，当力（乙）起作用的时候棍子的左侧就会向前移动。
2. 力（乙）、力（丙）、力（丁）的方向相同，但大小和作用点都不同。所以当它们起作用的时候棍子都会向前移动，不过这其中力（乙）起作用时棍子移动的距离更大。

我们通常用箭头表示力，用点来表示作用点，此时箭头的方向就代表力的方向，箭头的长度则代表力的大小，这四个力全都是不同的力，所以当它们起作用的时候，棍子移动的方式也会有所不同！

　　科学家将力的大小、方向和作用点称为力的三要素。如果两个力的三要素都一样，就说明是完全相同的力。但如果这三个要素中有任何一个不一样，就是完全不同的两个力。

　　当力的大小、方向和作用点中有一个不同时，就是两个完全不同的力。

　　如果在某个物体上持续施加相同的力，那么这个物体就会一直做同样的运动。例如，你用同样的力踢球，球就总是以同样的方式移动，当你改变施加的力时，球的运动方式也会发生改变。

牛顿第一定律——惯性定律

正如我之前所说的，如果你想要了解自然现象，就要先弄懂力。当你弄清楚力后，你就能够理解身边所发生的这些运动。力和物体的运动之间隐藏着一定的规律，是什么样的规律呢？

300多年前，牛顿就揭示了力和运动之间的规律，我们也称它为牛顿运动定律。你还记得牛顿吗？他就是准确地揭开了我——引力的真面目的那个人啊。我们把牛顿当作神一样的存在，因为他还研究了很多关于力和运动之间的关系。

牛顿第一定律也叫作惯性定律。想要了解惯性定律，首先就要知道什么是惯性吧？惯性是当我们没有给物体施加力的时候，物体继续保持当前运动状态的一种性质。当停着的汽车忽然开动的时候，坐在车上的人的身体会向后倾斜一下，或者当行驶的汽车突然停下的时候，车上人的身体会向前倾斜，这些都是惯性的作用。

举个例子，想象一下你现在正坐在一个停在冰面的雪橇上。如果没有人推你的话，你就会一直停在那里，换句话说，如果不对你施加力，你的运动状态就不会发生改变。这样说没错吧？虽然听起来有一些奇怪，但是科学家认为，物体静止的

静止不动的时候，由于惯性而发生的事情

当停着的汽车忽然开动时，车上人的身体就会向后倾斜，因为汽车在向前开动时，车上的人还保持着静止的运动状态。

当你快速地抽出放在纸杯上的纸张时，放在纸上面的硬币会由于惯性，在同样的位置掉进纸杯里。

运动的状态下，由于惯性而发生的事情

在行驶状态中的汽车突然停下的时候，车上人的身体会向前倾斜，这是因为汽车虽然停下来了，但车上的人还保持着运动的状态。

行走中的人忽然被石头绊到时，他的身体会由于惯性失去平衡，在这种状态下他就非常容易摔倒。

冷！雪橇是静止的，我冷得打哆嗦。

如果不施加力，那么静止的物体就会一直保持静止。

时候其实是处于速度为 0 的运动状态。

　　想象一下这个时候有人推了你一下。用力一推，然后松手，这样雪橇就会向前滑行。如果雪橇在滑行的过程中没有受到任何力的作用，你就会一直保持滑行的状态。也就是说，会一直以相同的方向、相同的速度永远滑行下去。总而言之，惯性法则就是，如果我们不对物体施加力，那么由于惯性，物体就会始终保持当下的运动状态而不会发生改变。

　　[惯性定律] 如果不给物体施加力，静止的物体就会始终保持静止状态，运动的物体则会一直保持当前的运动状态。

　　什么？滑行的雪橇总是会停下来的？哎呀，这就要看情况

如果没有其他力的作用，运动中的物体就会持续运动下去。

了！但这并不是惯性定律出了问题。

　　其实雪橇和冰面之间是有摩擦力在起作用的，所以滑行的雪橇才会停下来。如果没有摩擦力的话，根据惯性定律，雪橇从开始滑行那一刻起就会一直不停地滑下去。

　　科学家将方向相同、速度相同的运动称为匀速运动，所以也可以说惯性定律就是"在不施加力的情况下，物体会始终进行匀速运动"。物体在静止的时候也是在进行速度为 0 的匀速运动。

如果不给物体施加力，物体就会一直进行匀速运动。

不过很可惜，在你的周围并没有不受力就能一直保持匀速运动的物体，因为我的朋友摩擦力总是在很认真地工作着。宇宙中没有摩擦力，所以你可以在宇宙里看到匀速运动。事实上，在宇宙中即使你关掉引擎，火箭也还是会以同样的速度继续飞行。如果你在太空中踢球的话，球也会一直以同样的方向和速度持续向前飞行。

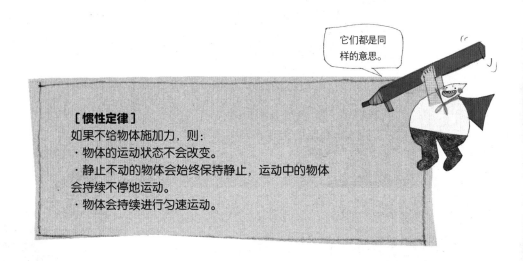

它们都是同样的意思。

[惯性定律]
如果不给物体施加力，则：
· 物体的运动状态不会改变。
· 静止不动的物体会始终保持静止，运动中的物体会持续不停地运动。
· 物体会持续进行匀速运动。

牛顿第二定律——加速度定律

我们反过来思考一下惯性定律吧？根据惯性定律，当物体不受到力的作用时，它的运动状态就不会发生改变。那么这句话反过来的意思就是，如果物体受到力的作用，它的运动状态就会发生改变。

你是不是感觉在哪里听过这句话？这不就是我前面所说的，当我们给物体施加力的时候，物体的形状和运动状态就会发生改变吗？你还记得吧？从力与运动的关系来看，当我们给物体施加力的时候，物体的运动状态就会发生变化，这就是牛顿第二定律，人们通常称它为加速度定律。

现在我们来简单说明一下加速度定律。对了！在这之前我们需要知道什么是速度，什么是加速度。速度和速率差不多，但它们之间也有一些细小的差别。速率就是指物体运动的快慢，速度则还包含了物体运动的方向。

想象一下，你以每小时 10 千米的速率快速奔跑着，即使你在这个过程中不停地变换方向，你的速率都还是每小时 10 千米。科学家认为，在速率相同的情

况下，只要方向发生了改变，速度就会发生变化。我们刚刚不是说到了匀速运动吗？匀速运动指的不是速率，而是速度不发生改变的运动，也就是说匀速运动是速率和方向都不发生改变的运动。

那加速度又是什么呢？加速度的原意是速度增加的意思。它说明物体的速度越来越快了。不过科学家认为，不论是变快的速度还是变慢的速度，都被称为加速度，所以把速度产生变

啪！

从起跑线移动到终点是"+"方向，从终点回到起跑线是"-"方向，当你以同样的速率向前运动时，A 路线中的速度是正的，B 路线中的速度是负的。

A

B

终点线

起跑线

从高处落下的物体因为地球引力的缘故，速度会变得越来越快。这时，落下的物体就是在进行速率增加的加速度运动。

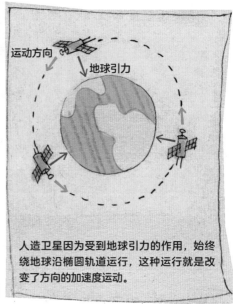

运动方向

地球引力

人造卫星因为受到地球引力的作用，始终绕地球沿椭圆轨道运行，这种运行就是改变了方向的加速度运动。

出发！

当你用力蹬自行车脚踏板的时候，车子的速率就会逐渐加快，此时自行车的速率就比它刚出发时更快，它所做的就是速率增加的加速度运动。

[加速度定律]
当你给物体施加力的时候：
·物体的运动状态就会发生改变。
·物体做加速度运动。

化的运动称为加速度运动。

自行车刚出发的时候会越来越快，当它要停下来的时候就会越来越慢，这就是自行车在做加速度运动。当然，速率没有发生变化，只有方向进行改变的运动也叫作加速度运动。从高处掉落的石头和空中的人造卫星都在做加速度运动。嘿嘿，是不是有点似懂非懂的感觉？你先了解了这些现象，再听听我对加速度定律的说明吧。

加速度运动是指物体改变了运动的方向或者速率的运动。

如果我们在物体上施加了力，物体运动的方向或速率就会产生变化，换句话说，就是它们在做加速度运动。此时物体的加速度会随着力的增大而增大，随着物体质量的增大而减小，这就是加速度定律。

［加速度定律］当我们给物体施加力的时候，物体就会进行加速度运动。物体的加速度随着力的增大而增大，随着质量的增大而减小。

嘿嘿，怎么感觉更难了？不是这样的，想想汽车。

踩下油门让停着的汽车运动起来，并且慢慢地加速。这个

时候汽车所做的就是速率加大的加速度运动。

　　嗖——现在开动起来的汽车正以 60 千米每小时的速度继续前进着，这时汽车以相同的方向和速率行使，此时进行的就是匀速运动。

　　但是汽车以同样的速度行使的途中，忽然遇到了岔路口时会怎么样呢？这时的速率虽然还是 60 千米每小时，但行驶的方向却改变了，所以此时进行的就是变了方向的加速度运动。

此时所做的是速率不变但是方向发生改变的加速度运动。

前方
10米是悬崖!

嘎 吱 吱

汽车在停下的过程中所做的是速率变小的加速度运动。

　　如果我们不开进岔路而是继续向前行驶，在这时忽然踩了刹车又会怎么样呢？这时汽车就会减速直到完全停下来，汽车现在所做的就是速率逐渐变小的加速度运动。

　　不过，如果力的大小和物体的质量发生了变化，这时的加速度运动又会产生什么变化呢？我们踩油门的力越大，汽车的速度就会越快吧？所以我们对物体施加的力越大，产生的加速度也就越快。如果车里装着很重的货物又会怎么样呢？当然是

质量相同的情况下
踩油门的力越大，也就是施加的力越大，加速度就越大。

力相同的情况下
货物越多，也就是质量越大，加速度越小。

[过山车的加速度运动]
过山车在不同的区间内分别做着匀速运动或加速度运动。

A~B 区间
过山车在下坡的轨道上做的是速率逐渐
增加的加速度运动。

B~C 区间
过山车在水平的轨道上行驶时，做的
是速率和方向都相同的匀速运动。

比没有货物的时候更难提高速度了。物体的质量越大加速度就会越小，所以物体在进行加速度运动的时候，加速度随着力的增大而增大，随着质量的增大而减小。

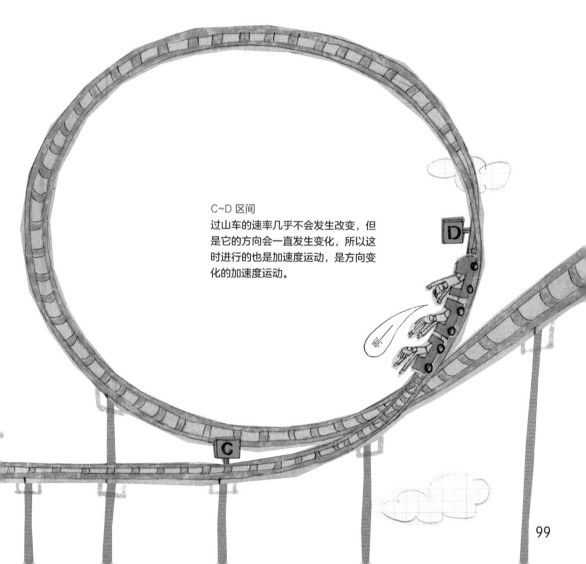

C~D 区间
过山车的速率几乎不会发生改变，但是它的方向会一直发生变化，所以这时进行的也是加速度运动，是方向变化的加速度运动。

没有你想象中的那么难，对吧？只要知道了这些，你就能够理解一般的运动了。在你的周围发生的运动中，大部分都是速率和方向发生了变化的加速度运动。但是你还是应该保持对力和运动的关注。现在我们的故事即将接近尾声了。来，集中注意力！

牛顿第三定律——作用力与反作用力定律

　　来，试着用你的双手推一下墙，用尽全力，干得好！你在推墙的时候有没有感觉到，墙好像也在推着你的手掌？如果你能理解这其中的缘由，你就已经充分地掌握了牛顿第三定律了。这个定律也被称为作用力与反作用力定律。

　　在你用手掌推墙壁的时候墙就会接收到这个力，这个力就叫作用力。在这个情况下，墙也在推着你的手掌，你的手掌也可以从墙上接收到力，这个力就叫反作用力。手掌推墙壁的力和墙壁推手掌的力大小相同，但是两股力的方向是相反的。嘿嘿，这就是作用力与反作用力定律。看起来这么简单的东西，科学家却认为它们很难。

作用力　反作用力

〔作用力与反作用力定律〕某一物体（A）对其他物体（B）施加力的时候，其他物体（B）也对某一物体（A）施加了大小相同、方向相反的力。

　　除此之外，作用力与反作用力定律还包括"所有的力都是相互的"，"两个物体在发生碰撞的时候，会产生大小相同、方向相反的两股力"等。

　　你有没有拍过桌子？在你拍桌子的时候你的手掌也会疼。在这个过程中相当于桌子也撞了你的手掌。你的手掌打在桌子上的力是作用力，撞向你手掌的力是反作用力。相当于你施加了多少力，就又得到了多少力。按照作用力与反作用力定律来看，世界真是很公平，对吧？嘿嘿。

　　还有一个有趣的例子，你可以跟着我一起做。首先准备好一个气球，然后往气球里吹气，当气球变大之后，用手紧紧地捏住气球的口，然后把手举起来松开气球的口。嗖——呜！

　　气球飞得就像火箭一样快，对吧？气球的弹性非常好，当我们给气球中注入空气之后，在气球的弹力和气压的作用下，

嗖——

扑哧——

嗖——呜！

[飞走的气球上的作用力]
因为弹力的缘故气球内部的气压比外部的气压要高，所以气球里面的空气粒子就会通过气球的口向外喷出。

向外挤压的气压

反作用力
空气粒子推动气球的力

空气粒子

作用力
气球推动空气粒子的力

来自周围的弹力　　来自周围的气压

汪！
汪！

砰

103

空气会逐渐地流失，气球对空气施加了力。这时根据作用力与反作用力定律，空气也会给气球施加力，所以气球才会有力地飞向空中。事实上，喷气式飞机和火箭都是利用了作用力与反作用力定律而飞向空中的。

在经过了漫长的岁月后，科学家终于发现了力的真面目，并且将力运用于日常生活中。人类所知道的一切知识，以及人类所享受的文明，都得益于科学家的不懈努力。

飞驰在街道上的汽车、翱翔在天空的飞机、冲入太空的运载火箭，乃至地球、月亮和星星的运行，全是这些运动定律在

起作用。包括我在内的许许多多的力，遵守着秩序和定律，生活在宇宙这个广阔的空间里。

环顾四周，无数的力在辛勤地工作着，虽然人们没法看见它们。但是一直倾听我讲述的你，肯定会有不一样的感觉，也许从现在开始，你就会认真观察和思考什么力在做什么工作，因为你和我已经成了好朋友。

嗖—呜—呜—呜

595

277

295

结束语

现在到了分别的时刻了，是不是感觉有点遗憾？振作起来。

我和我的朋友永远都在你的身边，当你看到树上掉落果实的时候，当你踢开路边的小石子时，只要你想起我们，你就能够随时看到我们。

我不会忘记你的，所以也请你一定要记住我，再见！

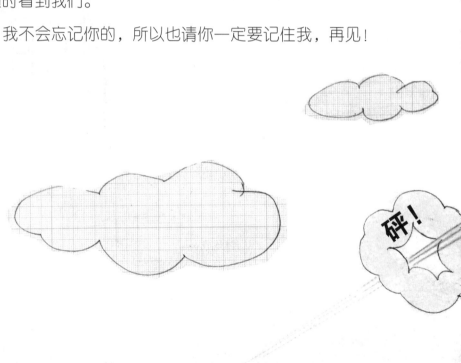

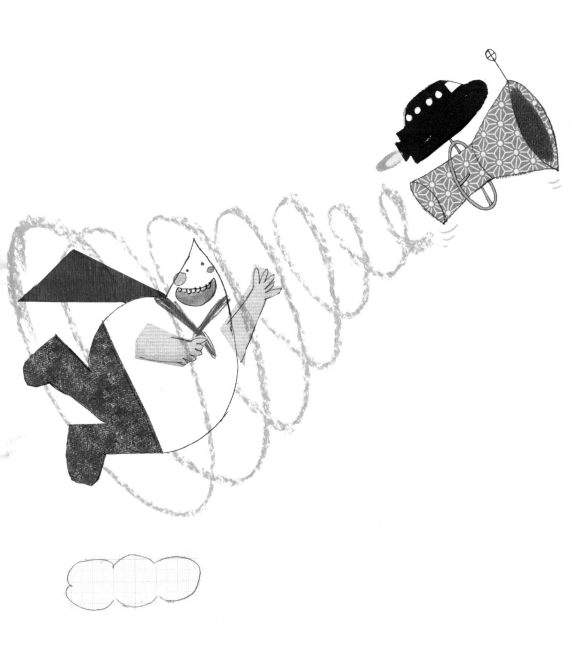

牛顿运动定律

说明了作用于物体上的力和物体运动之间的关系，
有三条定律。

·牛顿第一定律

如果不对物体施加力，静止的物体就会始终保持静
止状态，运动的物体就会始终保持当前的运动状态。

·牛顿第二定律

如果对物体施加力，随着物体速度的变化就会产生
加速度，加速度随着力的增大而增大，随着物体质
量的增大而减小。

·牛顿第三定律

某一物体（A）对其他物体（B）施加力的时候，其
他物体（B）也对某一物体（A）施加了大小相同、
方向相反的力。

摩擦力

·阻碍物体运动的力。

·施加与物体运动方向相反的力。

·物体相互接触的表面越粗糙，物
体越重，摩擦力就越大。

浮力

·水支撑物体的力。

·浮力与物体排出的水的重量一样
大，能够起到向上支撑的作用。

·重力比浮力小的物体能够浮在水
面上，重力比浮力大的物体会下沉。

磁力

· 作用于磁性粒子之间的力。

· 作用于磁铁内部或者磁铁与铁之间。

· 磁铁相同磁极会互相排斥，不同磁极会相互吸引。

静电力

· 作用于带电粒子之间。

· 同性带电粒子会互相排斥，异性带电粒子会相互吸引。

· 能够将构成物质的原子结合在一起形成分子。

引力

· 具有质量的物体之间相互吸引的力。

· 引力一般也被称为万有引力。

· 引力的大小与两个物体质量的乘积成正比，与它们距离的平方成反比。

弹力

· 橡皮筋、弹簧这类具有弹性的物体产生形变后的恢复力。

· 施加在物体上的力越大，物体的形状和长度产生的变化也越大，弹力也就越大。

作者寄语

知识就是力量！

　　据说在很久以前，生活在济州岛上的人们通过"举起碾子"来举行成年仪式。碾子就是沉甸甸的石头。在济州岛上，人们会在有人经过的路口放上几块大大小小的石碾子，这些石碾子就是人们之间相互较量的工具。当他们到了一定的年纪，就会抱起一块相当重的石碾子走几步，这样才能受到成人的待遇。

　　一般只有生意人家里有石碾子，在那些没有石碾子的人家里，也可以用很大很沉的物体来代替。这样做是为了向其他人炫耀，他们认为只有这样才能向其他人证明自己有力气，能够做搬运重物的工作。

　　以前的人们主要是靠种田或打猎为生的，在战争爆发的时候，他们就必须拿着长矛和刀去与敌人进行对抗，所以在过去，力气大、能打架的人就很厉害。但是现在情况已经发生了很大的变化，人们只要使用大型的装置就能拥有很大的力。

　　当然，在古代也有很多身体较弱但是头脑非常好的人。有一名叫阿基米德的科学家就利用杠杆原理抬起了天下第一的壮士都抬不动的大石头。事实上并不是人们的身体在推动这个世界前进，而是那些拥有丰富知识的人让世界变得更好。仔细想想这句话吧："知识就是力量"。

如果你足够了解力，你就能够像阿基米德一样，用很小的力就能发挥出巨大的力量。另外，力中还隐藏着能够解释各种现象的原理，物体掉落在地上的原因，铁钉"粘"在磁铁上的原因，如果不继续蹬脚踏板自行车就会停下来的原因……科学家利用力的原理，将空间探测器送往遥远的星际间。生活在当今的世界，就更需要知识的力量。

积累知识是一件很麻烦的事情吗？的确如此。大部分人都觉得动身体比动脑子更加容易。但大脑也和我们的身体差不多。身体越动就越灵活，就更加擅长体育运动。大脑也是越用越灵活，也会变得更加擅长学习。知识的力量会逐渐自动累积起来。希望大家能够尽情地玩耍，多读一些有趣的科学书籍，锻炼身体力量的同时获取更多知识的力量。

郑昌勋

讲给孩子的基础科学

电是怎样产生的？风是如何形成的？
我们的周围充满了各种神奇的秘密。
张开好奇心的翅膀，天马行空地去想象，
这是一件多么令人激动、令人神往的事情！
科学就起源于这令人愉悦的好奇心和想象力。
从现在起，百变科学博士将
变身为电子、风、遗传基因等各种各样的奇妙事物，
带您去探索身边的科学奥秘，
开启一趟充满趣味、惊险刺激的科学之旅！
来吧，让我们向着科学出发！